J'ai vu le jour le

Ce livre m'a été offert par

JE SUIS L'OLIVIER

JE SUIS LE SOLEIL

Je suis l'arbre de la Méditerranée. C'est de là que je viens, et je suis devenu le symbole de ses rivages baignés de soleil. Loin des hivers où règne le gel, je me plais dans les contrées aux étés ardents et secs. J'incarne la chaleur et la lumière.

Toujours tendu vers les rayons du soleil, je ne peux pousser qu'en pleine lumière. On ne me trouve donc pas en forêt, mais dans les garrigues, dans les champs et sur les terrasses que les paysans construisent pour me cultiver depuis des centaines d'années. Plantés à une distance suffisante les uns des autres pour ne pas nous porter ombrage, nous, les oliviers, nous y faisons miroiter notre feuillage, comme autant d'astres verdoyants.

UN DON

Les Grecs racontent que je suis né d'un don d'Athéna, qui disputait à Poséidon la possession de l'antique cité du roi Cécrops. Les dieux avaient promis cette ville à celle ou celui qui ferait aux hommes le présent le plus beau et le plus utile. Poséidon leur offrit un magnifique cheval fougueux, mais Athéna fit surgir de terre, d'un coup de lance, un olivier couvert de fleurs et de fruits. C'est cet arbre, symbole de tempérance et de pérennité, qui eut les faveurs du tribunal de l'Olympe.

DES DIEUX

Un temple fut érigé auprès de ce premier olivier, dont seuls de jeunes filles vierges ou de jeunes hommes chastes pouvaient prendre soin. Sous l'égide de la déesse, une ville prospère allait se développer : Athènes.

JE VIS

HORS DU TEMPS

Le temps semble ne pas avoir de prise sur moi : je peux vivre, dit-on, éternellement. Avec l'âge, mon tronc devient noueux et se creuse profondément mais je ne dépéris pas.

La légende rapporte que lorsque les Perses incendièrent l'Acropole, l'olivier sacré d'Athènes résista aux flammes, et qu'il repoussa même d'une coudée dès le lendemain !

Il est vrai que je suis le premier à reverdir ou à repartir de ma souche après un coup de froid ou de chaud. Et le meilleur moyen pour me rajeunir est de me tailler énergiquement.

Comme en gage de pérennité, les membres de l'Académie française, les « Immortels », portent d'ailleurs un costume brodé de rameaux d'olivier, les « verdurettes ».

JE SUIS LE CŒUR

L'Islam voit en moi l'arbre central, l'axe du cosmos, la source de lumière. Le prophète Mohammed aurait fait un songe dont il fit le récit à ses compagnons :
« J'ai vu cette nuit deux hommes qui sont venus me prendre par la main et m'amener dans la Terre sainte... Puis ils me conduisirent dans un jardin vert. Il y avait un arbre immense, et dans le tronc de l'arbre il y avait un vieillard et des enfants... Les deux hommes me firent monter dans l'arbre, et m'introduisirent dans un lieu de séjour si merveilleux que je n'en avais jamais vu d'aussi beau ; il y avait là des vieillards et des jeunes gens, des femmes et des enfants. »

DU MONDE

Cet arbre, c'est moi, l'olivier. Le vieillard qu'il abrite dans son tronc, c'est Abraham, et les enfants autour de lui sont ceux des hommes. Je symbolise le bonheur, le paradis des élus.

Rappelant que l'huile d'olive servait aussi à s'éclairer, un verset du Coran compare la lumière de Dieu à « une niche où se trouve une lampe, la lampe dans un verre, le verre comme un astre de grand éclat ; elle tient sa lumière d'un arbre béni, l'olivier, dont l'huile éclaire, ou peu s'en faut, sans même que le feu y touche ».

PAIX ET

Dans le livre de la Genèse, après le déluge, la colombe que Noé avait envoyée hors de l'Arche rapporte un soir dans son bec un rameau tout frais d'olivier. Cette jeune pousse, signe que les eaux avaient enfin baissé, symbolise le retour de la paix entre Dieu et les hommes, la rédemption et l'harmonie retrouvée.

Sur les champs de bataille, bien avant les drapeaux blancs, les vaincus exhibaient un rameau d'olivier pour demander la paix. Les femmes brandissaient une branche d'olivier au milieu des combattants pour qu'ils cessent la lutte. C'est ainsi que la reine Jocaste tenta de s'interposer dans le combat à mort qui opposait ses fils jumeaux Polynice et Étéocle pour régner sur Thèbes, dans le mythe d'Antigone.

RÉCONCILIATION

LES RAMEAUX DE LA VICTOIRE

Depuis le jour où la déesse guerrière et victorieuse Athéna m'a fait naître, je suis l'emblème du triomphe. C'est Héraklès qui décréta que le feuillage de l'olivier couronnerait les vainqueurs des jeux à Olympie. Ceux-ci étaient alors considérés comme des demi-dieux. Les rameaux dédiés à cet usage devaient être coupés avec une serpe d'or, par un garçon de famille noble, et dont le père et la mère vivaient encore. La couronne d'olivier était aussi offerte aux vainqueurs de joutes littéraires.

Les lutteurs de Grèce enduisaient leur corps nu d'huile d'olive, puis se roulaient dans le sable. La pellicule ainsi formée permettait de mieux ajuster les prises pour renverser l'adversaire.

SAVOIR PRENDRE

Lentement, patiemment, je pousse à partir d'un faisceau de racines profondément ancrées dans le sol. Année après année, je consolide mon tronc, j'étoffe mes branches, j'allonge mes rameaux. J'attends près de dix ans avant de voir naître mes premiers fruits. Ceux-ci mettent six longs mois à mûrir. Jusqu'à l'âge de cent cinquante ans, je donne le meilleur de moi-même puis je prends ma retraite, pour des centaines, voire des milliers d'années…
Je suis le symbole de la longévité et de la fidélité. C'est dans le bois d'un olivier que le héros Ulysse, époux de Pénélope, taille leur lit nuptial avant de partir en guerre contre Troie. L'attente de la fidèle épouse durera vingt ans.

SON TEMPS

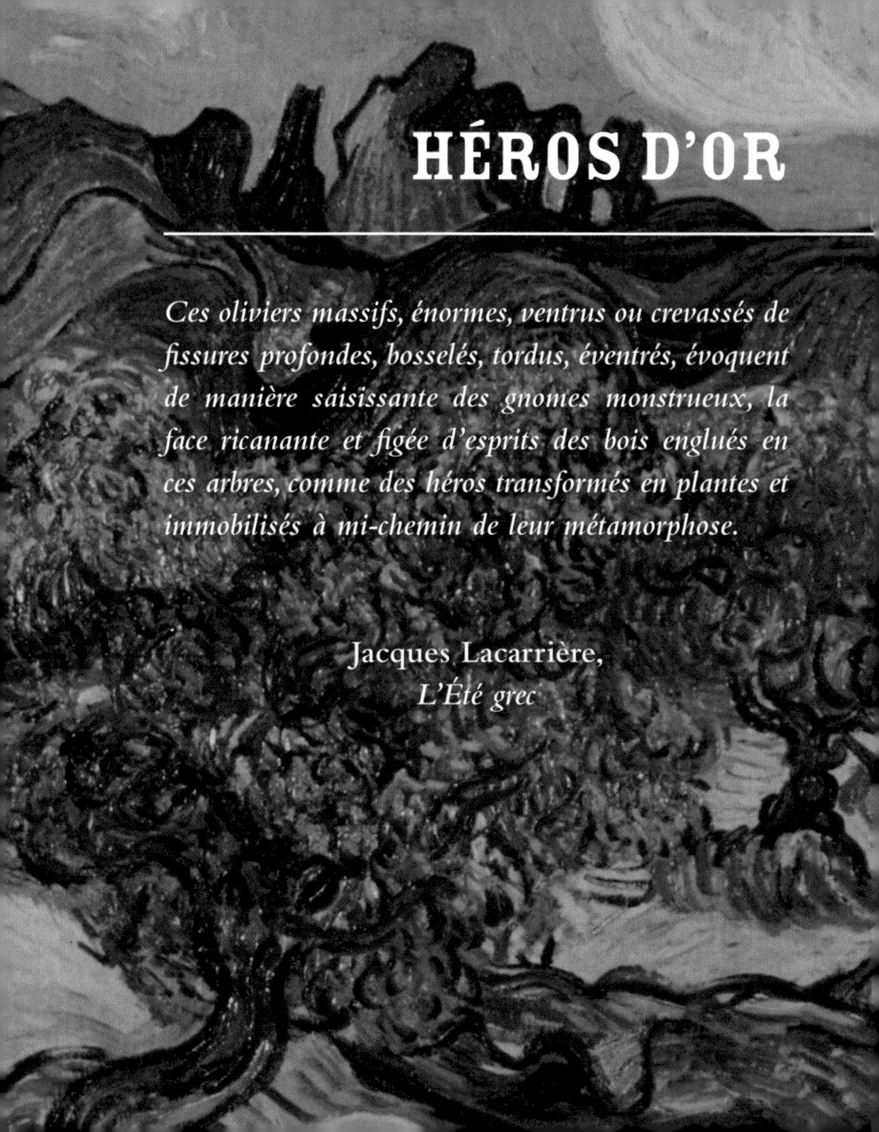

HÉROS D'OR

Ces oliviers massifs, énormes, ventrus ou crevassés de fissures profondes, bosselés, tordus, éventrés, évoquent de manière saisissante des gnomes monstrueux, la face ricanante et figée d'esprits des bois englués en ces arbres, comme des héros transformés en plantes et immobilisés à mi-chemin de leur métamorphose.

Jacques Lacarrière,
L'Été grec

ET D'ARGENT

Les oliviers sont caractéristiques et je lutte pour attraper cela. C'est de l'argent, tantôt plus bleu, tantôt verdi, bronzé, blanchissant sur terrain rose, violacé, orangeâtre jusqu'à l'ocre rouge. Mais fort difficile, fort difficile. Mais cela me va et m'attire de travailler dans l'or et l'argent. Et, peut-être un jour, en ferai-je une impression personnelle comme le sont les tournesols pour les jaunes...
Ah ! Mon cher Théo, si tu voyais les oliviers à cette époque-ci !... le murmure d'un verger d'oliviers a quelque chose de très intime, d'immensément vieux. C'est trop beau pour que j'ose le peindre ou puisse le concevoir.

Vincent Van Gogh
Lettre à Théo, septembre 1889

JE SUIS FRUGAL

Pour entraîner les Hébreux vers la Terre promise, Moïse leur fait miroiter que « l'huile y coule de la pierre la plus dure ». Il leur signifie ainsi que l'olivier s'y épanouit partout, même sur les terres les plus arides.

En effet, je pousse **là où personne ne veut pousser,** dans tous les types de terre, les plus caillouteuses et les plus inaccessibles. Je me contente de presque rien : mes racines très ramifiées vont puiser l'eau profondément dans le sous-sol, mes feuilles retiennent le peu d'humidité qui tombe du ciel en été. Elles résistent à la chaleur car elles sont protégées par une sorte de vernis.

C'est de ma frugalité même que je tire ma force et ma longévité exceptionnelles.

À LA CONQUÊTE

On a longtemps cru que mes ancêtres sauvages étaient d'Asie Mineure. Pourtant, les premiers d'entre nous seraient apparus quelque part entre l'Espagne, le Maroc, la Corse et la Sicile. Quoi qu'il en soit, la culture de l'olivier s'est vite répandue dans tous les pays méditerranéens avec les Phocéens, puis les Romains et les Carthaginois. Mes conquêtes ne se sont pas arrêtées là : j'étais dans les bagages

DU MONDE ENTIER

des voyageurs et des colons européens en Amérique, en Afrique du Sud, au Japon et jusqu'en Australie. Je me suis bien adapté sur tous les continents : les oliviers peuvent être transplantés aisément, même à un âge très avancé. Une fois coupées, leurs racines comme leurs branches se régénèrent vite et sans effort.

LES TRÉSORS DE L'OLIVE

Picholine, Rougette, Cayanne, Coucourelle, Confetto ou Giaraffa… les variétés d'olives portent des noms qui chantent dans toutes les bouches.

Très âcres et de couleur verte quand on les cueille avant qu'elles soient mûres, les olives acquerront leur singulière saveur par la vertu d'un long séjour dans l'eau, puis dans la saumure. À pleine maturité, les olives sont bien noires. C'est l'heure de les récolter, pour les déguster et surtout pour en faire de l'huile. Cueillis à la main ou ramassés à terre, les fruits attendent quelques jours dans un grenier avant d'être broyés. La pâte d'olives est ensuite malaxée, puis pressée et filtrée pour obtenir une huile limpide à souhait. L'huile d'olive nourrit et soigne les corps. Chez les Grecs, elle était employée tous les jours en onction. Soldats et athlètes s'en frictionnaient pour se délasser et réparer leurs muscles. Elle est aussi à la

base de nombreux onguents, parfums et savons renommés comme ceux d'Alep et de Marseille. Son utilisation en cuisine connaît un regain important depuis que ses vertus bienfaisantes ont été confirmées par les scientifiques. C'est un véritable élixir de longévité, secret du fameux régime crétois. Ses bienfaits s'étendraient du cœur aux artères et aux os. L'huile d'olive passe même pour une source de fertilité.

Samuhel
ysay
et filios eius.

HUILE SACRÉE

Une goutte d'huile d'olive déposée sur le front ou les mains purifie les âmes. Au début de la vie, elle sert à bénir les nouveau-nés, en gage d'une vie heureuse et prospère. On la retrouve au seuil de la mort, pour l'extrême-onction, montrant le chemin d'une vie après la vie.

L'onction du saint chrême, préparé à base d'huile d'olive, de baume et d'épices, sacre les prêtres ou les prophètes. Et, de même, depuis le baptême de Clovis, pas de roi de France sans sacre, et pas de sacre sans onction !

En grec, le Christ, le Sauveur, l'envoyé de Dieu, se dit *Khristos* et signifie « celui qui a reçu l'onction ».

L'ARBRE

Je peux paraître tourmenté, avec mon tronc qui se déforme, l'âge venant, mais en moi-même, je demeure serein. Regardez-moi : solidement enraciné, je me ramifie à peu de distance du sol, comme pour mieux embrasser l'espace, et mon feuillage ondoyant reste vert en toute saison.

J'incarne la **puissance de l'expérience,** la force qui permet de surmonter les épreuves, et la sagesse, à l'image d'Athéna qui me fit surgir de terre. On dit que méditer à mes côtés ou sous mes branches donne une énergie apaisante et apporte des solutions pacifiques aux problèmes de l'existence. Les philosophes s'en remettront à ce vieil adage grec : *« Ne extra oleas »,* ne vous éloignez pas des oliviers.

DE LA SAGESSE

COUVERTURE Vincent Van Gogh, *Oliviers avec les Alpilles dans le fond* (détail), 1889 © Francis G. Mayer / Corbis

4 **JE SUIS LE SOLEIL** Vincent Van Gogh, *Les Oliviers* (détail), 1889 © Francis G. Mayer / Corbis

6 **UN DON DES DIEUX** Giovanni Battista Mengardi, *Compétition entre Athéna et Poséidon pour la possession de l'Attique*, 1780 (détail), Palazzo Priuli-Manfrin, Venise © akg-images / Cameraphoto

8 **JE VIS HORS DU TEMPS** Anthony de Witt, *Olivier mort*, collection De Witt, Florence © Photo Scala, Florence, 1990 © Droits réservés

10 **JE SUIS LE CŒUR DU MONDE** *L'Arbre de vie, mosquée de Sidi Sayed* (1572), Ahmedabad, Inde (détail et colorisation) © Roland et Sabrina Michaud / Rapho

12 **PAIX ET RÉCONCILIATION** Hans Memling, *Ange tenant un rameau d'olivier* (détail) © Musée du Louvre, Paris / Giraudon / The Bridgeman Art Library

14 **LES RAMEAUX DE LA VICTOIRE** Pierre Paul Rubens, *Couronnement de Victor*, c.1615 (détail), Kunsthistorisches Museum, Vienne © akg-images / Erich Lessing

16 **SAVOIR PRENDRE SON TEMPS** Vassily Dmitrievitch Polenov, *Olivier dans le jardin de Gethsémané*, 1882 (détail), Tretjakov Gallery, Moscou © akg-images

18 **HÉROS D'OR ET D'ARGENT** Vincent Van Gogh, *Oliviers avec les Alpilles dans le fond* (détail) © Francis G. Mayer / Corbis, Citation : Jacques Lacarrière, *L'Été grec*, © Éditions Plon

20 **JE SUIS FRUGAL** Denise Bellon, *Oliviers sur une pente*, 1934 © akg-images / Denise Bellon

22 **À LA CONQUÊTE DU MONDE ENTIER** Juan Manuel Castro Prieto, *Sur la route de Temblèque*, Espagne, 2004 (détail) © Juan Manuel Castro Prieto / Agence VU

24 **LES TRÉSORS DE L'OLIVE** John Singer Sargent, *Paysans albanais récoltant des olives*, 1909 (détail) © Manchester City Galleries

26 **HUILE SACRÉE** *Onction sacrée de Joas par Jéhoïada*, extrait de *La Bible en latin*, Leon, S.Isidoro, V.I, fol. 130, 1162 (détail) © akg-images

28 **L'ARBRE DE LA SAGESSE** Hans Thoma, *Le Soir à Tivoli*, 1880 (détail), Staatl. Galerie Moritzburg, Halle (Saale) © akg-images

ÉDITION & GRAPHISME : Les Ateliers et Chantiers réunis Jacques van Geen et Philippe Laborde

RECHERCHE ICONOGRAPHIQUE : Sandrine Vincent

Dépôt légal : septembre 2008

ISBN : 9782742777389

Imprimé en France par Pollina - n° L47294C

Ouvrage inspiré du *Calendrier celtique* de Michaël Vescoli, Éditions Actes Sud, 1996